Georges Blanchon

Les grands Accidents de sous-marins

Histoire

 Le code de la propriété intellectuelle du 1er juillet 1992 interdit en effet expressément la photocopie à usage collectif sans autorisation des ayants droit. Or, cette pratique s'est généralisée dans les établissements d'enseignement supérieur, provoquant une baisse brutale des achats de livres et de revues, au point que la possibilité même pour les auteurs de créer des œuvres nouvelles et de les faire éditer correctement est aujourd'hui menacée. En application de la loi du 11 mars 1957, il est interdit de reproduire intégralement ou partiellement le présent ouvrage, sur quelque support que ce soit, sans autorisation de l'Éditeur ou du Centre Français d'Exploitation du Droit de Copie , 20, rue Grands Augustins, 75006 Paris.

ISBN : 978-1986481557

10 9 8 7 6 5 4 3 2 1

Georges Blanchon

Les grands Accidents de sous-marins

Histoire

Table de Matières

Section I	7
Section II	13
Section III	16
Section IV	20
Section V	25

Section I

Sans faire peut-être autant de victimes que d'autres catastrophes, les naufrages de sous-marins frappent davantage l'imagination publique. La nouveauté de la navigation entre deux eaux, sa hardiesse, le mystère des profondeurs qui couvre le bateau disparu, l'incertitude surtout émeuvent irrésistiblement. Que des malheureux survivent, scellés dans une double prison d'acier et d'eau, et qu'on puisse, des jours durant, frôler leur agonie sans arriver à les secourir, cela émeut la sensibilité. Puisque le sujet est malheureusement d'actualité, rappelons quels ont été les accidents des sous-marins modernes, voyons ce qu'on a fait pour en éviter le retour, et demandons-nous ce qui reste à faire.

S'il y a des siècles que l'humanité songe à s'emparer d'un domaine réservé aux espèces animales les plus éloignées d'elle par leur fonctionnement vital, il n'y a que vingt-trois ans que le problème a reçu sa solution, avec le *Gymnote* de Gustave Zédé. Et depuis six ans seulement la mer, violée dans ses profondeurs, a commencé de se venger. Il s'est produit une quinzaine d'accidents graves : chez nous, initiateurs du progrès, trois, sur plus de 30 000 plongées. La proportion ne dépasse pas celle des accidents du travail dans beaucoup d'industries maritimes ou mécaniques. La différence consiste jusqu'ici en ce que l'avarie sous-marine tourne aussitôt à la catastrophe, par l'effet des conditions qui l'environnent. Ce sont les Anglais qui ont été le plus atteints. Moins avancés, techniquement parlant, que nous-mêmes, se hâtant néanmoins d'utiliser une arme aussi redoutable pour la défense que pour l'attaque, ils ont accumulé d'inévitables malheurs. En février 1903, sur le A1, leurs moteurs à gazoline leur donnaient un premier avertissement : une explosion intérieure y faisait six blessés. Heureusement, le bateau n'était pas en plongée. Des explosions analogues se produisirent un peu partout où l'on emploie des essences volatiles. Les vapeurs de benzine, de gazoline, etc., forment avec l'air un mélange détonant qui s'accumule et qu'une étincelle enflamme. En Angleterre, c'est l'histoire du même *A1* en 1904, du *A5* en 1905, du *C8* en 1907, aux Etats-Unis, du *Fulton* en 1902, du *Pike* et du *Gramper* en 1909 ; en Italie, du *Foca* en 1909 ; en Russie, du *Delphin* et du *Storliad* en 1904 : au total, 29 tués et 47 blessés.

A cette cause si fréquente, mais évitable, il faut ajouter certaines maladresses des premières années, évitables aussi, comme celle qui fit disparaître le *Delphin* dans la Neva pendant le remplissage des ballasts (réservoirs d'eau). Un mouvement trop brusque immergea le panneau ouvert : il y eut 23 noyés. Une fausse manœuvre des gouvernails de plongée, coïncidant avec une flottabilité réduite pour une cause inconnue, fit de même sombrer en mer, le 8 juin 1905, le *A8* anglais. Il naviguait en surface à 10 nœuds, capot ouvert, lorsqu'il plongea brusquement. Deux officiers et deux hommes qui se tenaient dehors furent sauvés, quinze autres engloutis. Il était 9 heures du matin : à une heure de l'après-midi, deux explosions, se produisant au fond de l'eau, achevaient le désastre.

Il faudrait rapprocher des cas précédents celui du *Farfadet*. On s'en souvient, c'était le matin du 6 juillet 1905 ; le sous-marin *Farfadet* évoluait dans le lac de Bizerte. A cette époque, l'air expulsé des caisses à eau pendant leur remplissage sortait encore dans le bateau. Afin d'éviter une surpression gênante pour respirer, on ne fermait le capot qu'au dernier moment. Ce jour-là, par suite d'un obstacle, la fermeture se fait mal. Le commandant veut recommencer le mouvement en donnant cette fois un coup brusque. Trop tard : une trombe liquide, s'engouffrant par l'orifice, rejette, avec l'air qu'elle déplace, l'officier et deux hommes voisins. Le reste est précipité par dix mètres de fond. On s'empresse au secours des treize ensevelis. Un dock est là ; on fait appel à des navires étrangers ; tous les moyens, semble-t-il, sont à portée. Le soir même, on soulève le *Farfadet* de deux mètres : mais les élingues cassent. Le lendemain, vers midi, on arrive à mettre l'arrière presque à fleur d'eau, sous une mince couche liquide de 50 centimètres, au travers de laquelle on renouvelle la provision d'air des naufragés. On les entend, ils rient déjà, parlent aux leurs. Cela dure cinq minutes : une attache manque, ils retombent au fond. Le 8, on traîne le malheureux bateau de deux cents mètres, puis la remorque se rompt. A minuit, une voix parlait encore dans ce tombeau de fer, après 60 heures d'agonie. C'est le 15 seulement qu'on put rentrer au port, ouvrir, désinfecter A l'avant, les huit marins échappés au premier choc, bouchant les fissures avec leurs habits, se défendant pied à pied contre l'infiltration, étaient restés unis, rapprochés jusqu'au bout dans une lutte têtue pour une invraisemblable espérance. L'un d'entre eux seulement, presque un enfant, se réfugia devant la mort dans les bras d'un plus courageux : geste suprême venant du plus profond de l'âme humaine !

La fatalité, pour la première fois, avait frappé nos flottilles : elle revenait à la charge le 16 octobre 1906, à Bizerte encore, sur le *Lutin*. Celui-ci, convoyé par un vapeur, s'exerçait en rade. Disparu à midi avec quatorze hommes et deux officiers, sous les yeux du convoyeur, il ne fut retrouvé, en draguant sur l'emplacement marqué, que 3 heures et demie plus tard, par 35 mètres de fond. Il fallut attendre le surlendemain et utiliser l'aide des navires de guerre anglais, pour atteindre l'épave et la reconnaître. Le 22 octobre, on parvenait à la suspendre sous un dock flottant qui entrait au port le 26, et le 29, on ouvrait enfin le sous-marin mis à sec dans un bassin. Les hommes avaient dû mourir en quelques instants, dès le début, par l'envahissement de la mer ou la compression brusque de l'air restant. On trouva l'une des prises d'eau mal fermée : un caillou gros comme une noix, introduit dans l'orifice par quelque échouement et inaperçu grâce à des visites négligentes, avait coincé la vanne. La caisse à eau correspondante, ainsi restée en communication avec la pression du dehors, s'était crevée à l'intérieur du sous-marin, créant une voie d'eau à l'arrière. On put lire sur le carnet du sous-officier « patron » les derniers ordres : Chassez 100, 200, 500… Le bateau s'était défendu. On l'avait vu faire un bond vers le haut, sortir sa pointe avant. Les plombs de sécurité de bâbord avaient été lâchés en effet ; mais les survivants n'avaient pas eu le temps de détacher ceux de tribord, non plus que la bouée téléphonique disposée à l'avant pour permettre de signaler le lieu du sinistre.

Une cause semblable vient d'amener la perte, en avril dernier, de 14 hommes et du sous-marin japonais n° 6. Découvert le lendemain seulement, renfloué après plusieurs jours d'efforts, il contenait, dans le kiosque où le commandant avait pu écrire à la faible lumière des profondeurs, un message adressé à l'empereur. L'héroïque officier recommandait à son souverain les familles des victimes et faisait le récit de leurs derniers instants. La rupture d'une chaîne de transmission avait rendu impossible la fermeture des vannes de remplissage aux ballasts, lesquels, là aussi, avaient cédé. Sous l'invasion de l'eau, l'électricité s'éteint, le moteur s'arrête, les accumulateurs répandent des gaz délétères. L'équipage s'efforce de vider les caisses au moyen d'une pompe à bras ; mais l'air manque, les hommes s'épuisent et tombent. Le commandant écrit toujours. A onze heures quarante-cinq, sa dernière pensée est pour ses compagnons. A midi trente, il noie une difficulté extrême à respirer, la peine qu'il a à tenir sa plume. Il inscrit encore « 12h 40», » et c'est fini : le reste de la phrase est en blanc…

Nous n'avons plus à parler que des cas d'abordage. L'un ; celui du C11 anglais, causé, le 13 juillet 1909, par le vapeur *Eddystone*, engloutissait 11 victimes. Encore, comme on naviguait en surface, les deux officiers furent-ils saufs. L'un faisait le quart, au dehors. L'autre, qui allait le remplacer, eut pour premier geste de rentrer éveiller ses hommes ; mais le courant d'air le chassa violemment. Le bateau coula en trente-cinq secondes par 28 mètres de fond. Après quelques jours d'infructueuses tentatives, l'amirauté fit venir un croiseur sur le lieu du naufrage, pour y rendre les derniers honneurs et réciter des prières solennelles. Et ce fut tout. On laissa ces marins dormir ensemble sous la mer.

Peu de jours auparavant, un submersible russe, le *Kambalo*, avait subi le même sort au cours des manœuvres navales, avec vingt matelots. Ici encore, le commandant avait échappé.

Mais les abordages en plongée ne permettent pas le salut d'un seul homme. Avant le Pluviôse, c'est le A1 anglais qui en donne le premier exemple. Le 18 mars 1904, le vapeur Berwick Castle passe dessus sans le voir et ne ressent qu'un faible choc. Il venait cependant de heurter un sous-marin de 200 tonnes, portant 2 officiers et 9 hommes. On ne retrouva le A1 que le lendemain, par 13 mètres de fond ; et l'on mit un mois à le renflouer. Atteint sur le haut du kiosque, il ne portait qu'un trou fort exigu, mais le coup dut tuer ou étourdir le commandant : le kiosque était marqué de sang. L'équipage, semble-t-il, n'avait fait aucune défense, les ballasts mêmes restaient pleins d'eau.

Arrivons au dernier de cette liste funèbre. Le 27 mai 1910, à 1 heure 56 de l'après-midi, le steamer à aubes *Pas-de-Calais*, faisant le service de Douvres, venait de quitter Calais et de s'« éviter » en sortant des jetées, quand, soudain, à une vingtaine de mètres devant son étrave, on aperçoit un périscope, celui du *Pluviôse*. On ne peut esquiver l'abordage, qui prend le submersible par bâbord arrière, éventre le ballast et déchire la coque intérieure. Le malheureux sous-marin, roulé latéralement, passe en talonnant sous le paquebot. Puis, l'arrière s'emplissant, l'avant émerge. Dans cette situation, l'arrière sur le fond à 17 mètres de profondeur, il demeure une dizaine de minutes, pendant lesquelles une embarcation du *Pas-de-Calais* est mise à l'eau, fait le tour de cette pointe d'acier désespérément dressée vers le ciel. Les hommes du canot frappent même la coque à coups d'aviron. Brusquement, elle s'abaisse, disparaît : le sous-marin se couche.

Tel est le drame vu du dehors. On peut en imaginer les causes et la marche interne. D'habitude, un sous-marin ne reste pas longtemps sans revenir à la surface jeter un coup d'œil par le périscope ; trois ou quatre minutes en moyenne. Quelquefois néanmoins, on descend à 12 ou le mètres se mettre à l'abri des mouvements de la mer. C'est sans doute ce que venait de faire le commandant du *Pluviôse*, et peut-être avait-il perdu la « vue » une dizaine de minutes, ce qui d'ailleurs n'offre rien d'anormal, Mais il ne faut pas dix minutes à la malle de Douvres pour sortir des jetées et s'éviter. Toujours en retard d'ordinaire, ce jour-là, par exception, elle est exacte, et les courants, si forts dans ces parages, sont anormaux. Ils mettent le *Pluviôse* sur sa route.

Celui-ci remonte donc. Le périscope émerge. Le commandant aperçoit, mal, comme on voit dans une lentille au ras de l'eau, la masse du *Pas-de-Calais* venant sur lui ; il ne peut discerner instantanément en quel point du *Pluviôse* l'abordage va se produire. Le *Pluviôse* a 54 mètres de long. Le *Pas-de-Calais* n'est guère qu'à 20 ou 30 mètres et file à 18 nœuds, c'est-à-dire 9 mètres par seconde. S'il y a quelque chose à faire, c'est donc en deux ou trois secondes qu'il faut l'avoir achevé. Le commandement, instinctif, sort sans doute des lèvres de l'officier : « A 18 mètres. En avant à toute vitesse. A gauche toute. » Le mouvement n'a le temps que de commencer;[1] c'est trop peu pour s'enfoncer et pour virer sur la gauche jusqu'à se trouver parallèlement à l'abordeur ; c'est assez pour pivoter et pour que l'arrière, sous la première action des gouvernails, remonte d'un ou deux mètres, s'offrant à l'abordage. Si l'on n'avait rien fait, peut-être le steamer, qui ne cale que 3m, 25, passait au-dessus

---

1 On a trouvé le gouvernail de direction à gauche, les barres de plongée en bas, ce qui semble bien prouver que la double manœuvre fut essayée.

du *Pluviôse* sans le toucher, car l'œil du périscope domine de 3m, 50 le dos de la partie abordée. Mais aussi le choc pouvait atteindre plus à gauche, y rencontrer à fleur d'eau le périscope ou le kiosque et faire avarie tout de même. Comment d'ailleurs établir ce calcul et cette mesure, surtout en moins d'une seconde !

A partir de ce moment, une catastrophe paraît inévitable. Une trombe d'eau envahit l'arrière, qui coule et s'assied sur le fond, tandis qu'on chasse aux ballasts avant (pour les vider) et qu'on ferme une cloison intérieure. L'avant, remontant alors, émerge. Mais la cloison n'est pas étanche : elle fuit, le flot s'élève peu à peu, jusqu'à ce qu'il soit arrêté par la pression de l'air qu'il comprime. A ce moment, l'avant flotte comme une bouée et 17 ou 18 hommes y survivent comme dans une cloche à plongeurs. L'électricité s'est éteinte ; le liquide des accumulateurs s'est répandu et empoisonne l'atmosphère. On ignore le niveau exact de l'eau extérieure. Si l'on pouvait consulter le manomètre chargé de renseigner sur l'immersion, il donnerait une sécurité erronée, parce que sa graduation n'est fidèle que si la pression de l'air intérieur reste normale. Mais on entend frapper des coups d'aviron sur la coque : des secours sont là, et d'ailleurs on étouffe : il faut ou mourir ou sortir. Un homme entr'ouvre le capot avant,[1] pour avoir de l'air ou un passage. Le capot est sous l'eau. Le double effet de son ouverture est une décompression instantanée et, à elle seule, mortelle, suivie d'une cataracte. Avant d'avoir pu lutter, les survivants ont succombé. La mer n'a plus noyé que des cadavres : tel est le résultat des constatations médicales ultérieures. Seul un quartier-maître enfermé dans le kiosque, qui est relativement étanche, y survécut sans doute quelques heures, jusqu'à épuisement de l'air respirable contenu dans cet étroit espace.

On sait le reste. Le 3 juin seulement, le sous-marin, décollé du fond, s'acheminait, suspendu sous deux chalands, vers le port. Une première étape ce jour-là, deux autres le lendemain, le ramenaient sur un fond de 5m, 50. Mais le 5, le calme, qui avait jusqu'alors favorisé l'opération, prenait fin. La houle, à mer basse, jetait sur le kiosque immergé l'un des chalands porteurs, qui coulait aussitôt. Des chaînes cassées ou embrouillées retardaient encore, malgré le beau temps revenu, la reprise des travaux. Au moment où l'on

---

[1] Il fut retrouvé ouvert.

perdait espoir, une manœuvre impeccable, dans la nuit du 11, menait enfin au port le funèbre convoi. Echoué dans cet abri, mais recouvert à chaque marée, le malheureux *Pluviôse* n'avait pas encore rendu ses victimes. Si les premières sont sorties le 11 au soir, les dernières ont attendu le 21, vingt-cinq jours après le naufrage.

Chacun fut trouvé, à son poste. Il y a longtemps que nos équipages de sous-marins ont fait à la mort sa part ; ils savent la regarder en face. Et leurs camarades reprennent, sans hésiter, leurs plongées avec le même entrain, dans le même ordre silencieux qu'auparavant. A ces leçons d'héroïsme, la noble fin du *Pluviôse* en ajoute d'autres : celles des sauveteurs. Le relevage, la rentrée du bateau furent des tours de force ; mais le dévouement des hommes qui, trois semaines durant, s'y sont employés commande l'admiration.

Section II

Contre des accidents aussi douloureux s'est-on prémuni ? Assez mal encore. Les progrès réalisés depuis les premières et cruelles expériences de 1904 et 1905, se réduisent à peu de chose. Chez nous, il est vrai, une précaution avait d'avance été prise qui nous met à l'abri des périls auxquels nos voisins ont succombé le plus souvent : je veux parler des explosions de gazoline. Les moteurs à essence facilitent la solution du problème posé par la navigation sous-marine, mais en France, on a voulu et su le résoudre sans eux, afin d'éviter les dangers d'inflammation.

La perte du *Farfadet* conduisit à améliorer la fermeture des capots et à faciliter l'évacuation de l'air. Après celle du *Lutin*, on renforça l'enveloppe des ballasts intérieurs. Mais le grand changement qui devait épargner la plupart des accidents dus au mode de construction, et parer même aux conséquences de certains abordages, consiste à ne plus faire que des submersibles. On sait quelle est la différence entre le sous-marin proprement dit, type primitif reproduit par Gustave Zédé et ses successeurs, et le submersible, fort ingénieusement imaginé en 1896 par M. l'ingénieur Laubœuf. Il faut plonger ; l'idée première fut de construire des bateaux déjà très près de couler bas, qui, en laissant rentrer un peu d'eau dans des caisses, parviendraient à s'enfoncer rapidement. Le sous-marin proprement dit n'eut donc que 4 à 7 p. 100 de flottabilité. C'est-à-dire qu'émergeant, toutes ses caisses vides, il ne pouvait porter en surcharge, sans couler aussitôt, que de 4 à 7 p. 100 de son poids total. Le submersible, en cela bien différent, reçoit de 27 à 30 p. 100 de flottabilité. Il faut donc qu'il absorbe dans ses ballasts, un poids égal pour enfoncer. L'idée heureuse de M. Laubœuf fut encore de disposer ses ballasts ou caisses à eau à l'extérieur de la coque principale, dans une enveloppe formant seconde coque extérieure. La plongée s'effectue en remplissant l'intervalle entre les deux. Ainsi une avarie à la surface externe, une rentrée d'eau intempestive, n'ont d'autre effet que de mettre le bateau en position de plongée. Un abordage léger de même, et si le ballast est déjà plein, rien n'en sera momentanément changé dans l'équilibre du submersible.

A la suite de la double catastrophe de Bizerte, d'autres conclusions s'imposaient : il fallait songer à faciliter les opérations de relevage, à les hâter pour ne plus s'exposer aux atroces péripéties du *Farfadet*. L'opinion demandait d'abord des bâtiments spéciaux de sauvetage. Mais, sous cette forme, le vœu public était difficile à satisfaire. Le *Lutin* et le *Farfadet* avaient coulé sur des points favorables. Dans les cas à prévoir, le plus souvent un matériel spécial ne se trouverait pas à proximité, ou bien ne réussirait pas, par suite du mauvais temps, à rendre les services qu'on en attend. Il faudrait d'ailleurs multiplier les bateaux de sauvetage autant que les points de stationnement des flottilles

Il parut moins coûteux et plus immédiatement utile de munir les nouveaux sous-marins de boucles disposées sur leur coque de façon à y mailler des chaînes. De la sorte, on ne perdrait plus, comme on l'avait fait à Bizerte, des jours précieux à creuser sous la coque enlizée des chemins, pour y glisser des aussières destinées à ceinturer le sous-marin. Ces boucles, qui devaient être fixées aussi sur les unités existantes ne le sont pas encore partout. Le *Pluviôse* les avait reçues, et c'est ce qui a permis de le ramener au port.

Il possédait aussi un dispositif que son équipage n'a pas eu le temps de faire fonctionner : la bouée « téléphonique, » que le simple mouvement d'une manette dégage et qui vient flotter sur l'eau en déroulant un câble. La présence de la bouée indique le lieu du naufrage. Le câble permet de communiquer par téléphone avec les naufragés. Une récente dépêche ministérielle prescrit d'installer désormais ces bouées de façon à pouvoir les lâcher, même quand le bâtiment est incliné, et jusqu'à 45° d'inclinaison. On songerait enfin à en mettre trois au lieu d'une.

Quant au bateau spécial de sauvetage, si la marine française n'en possède pas, la marine allemande en a fait un. Il s'appelle le *Vulkan*. Il était mis en chantier avant que les sous-marins allemands eussent commencé leur navigation, et fut lancé à Kiel en septembre 1907, alors que le premier d'entre eux était seul livré à la marine. Cette année, l'Angleterre suit l'exemple allemand et construit à Chatham, sur les plans de sir Phillip Watts, une unité spéciale, de 800 tonnes de déplacement, qui sera vraisemblablement suivie d'une autre plus grande. Mais aucun de ces bâtiments n'a encore fait ses preuves.

On ne s'en était pas tenu chez nous au peu que nous avons dit. Mais on avait cru devoir se rendre compte, par des expériences, de l'efficacité des moyens à mettre en œuvre. C'est à cette fin qu'on a utilisé dans les premiers mois de l'année en cours le submersible Narval, déjà déclassé. Dans le port de Cherbourg et en rade, on l'a fait couler sur le fond. Un premier essai vérifia la résistance des boucles. Dans un second, on s'en servit pour lever et ramener au bassin le submersible.[1] On procédait comme il a fallu faire pour le *Farfadet* et le *Lutin*. Avec le *Pluviôse*, on dut s'y prendre un peu autrement, faute d'un dock flottant ; en pareil cas, on conduit des chalands au-dessus du bateau coulé ; les entourant de solides aussières, on y fixe les chaînes qu'on a pu mailler sur l'épave. A mer basse, on tend ces chaînes. La marée montante soulève les chalands, et il faut ou que la chaîne casse, ou que le chaland tenu par elle s'enfonce et sombre, ou enfin que le sous-marin se décolle du fond et remonte de l'amplitude de la marée. S'il remonte, on s'empresse de l'emporter plus près du rivage là où les fonds sont moindres, jusqu'à ce qu'il touche de nouveau. La marée qui baisse permet de gagner d'autant sur la longueur des chaînes, et l'on recommence.

Avec un dock flottant, les opérations sont plus rapides. Le dock est fait pour pouvoir à volonté s'enfoncer au ras de l'eau, par le

---

1 On essaya aussi le relevage par l'air comprimé, mais avec un succès rendu douteux par l'inévitable déséquilibre de l'épave ainsi arrachée du fond.

remplissage de réservoirs spéciaux, ou reprendre sa flottaison normale. Ainsi l'on produit artificiellement, et en petit, les dénivellations verticales qu'avec les chalands il fallait attendre des marées. Sauf cette différence, on agit de même, en se rapprochant à chaque fois du rivage. Un dernier avantage du dock, s'il est aménagé à cet effet, consiste à s'en rapprocher plus que les chalands ; à entrer, par exemple, avec son fardeau, dans un port de moindre profondeur. Lorsque les chalands, en effet, se superposent au bâtiment suspendu sous eux, fût-ce sans intervalle, le tirant d'eau de cet ensemble flottant demeure considérable ; le dock, lui, peut-être fait comme une voûte, entre les bras de laquelle vient finalement s'encastrer l'épave. C'est la forme donnée en Allemagne au *Vulkan*, qui doit opérer à la façon d'un dock. Il porte aussi des appareils de hissage mécanique, dont l'emploi suffirait vis-à-vis de poids modérés.

Un dock flottant figure au programme naval soumis par l'amiral de Lapeyrère au Parlement. Il ne se trouvera personne pour s'opposer à sa construction. Peut-être même en réclamera-t-on plusieurs. Mais, dans la plupart des cas, ce n'est pas ce qui peut sauver le personnel ; et comme le prix à prévoir par unité dépasse 1 500 000 francs pour la dimension appropriée aux submersibles en projet,[1] les marins estimeront que c'est assez donner à un matériel sans emploi au combat.

Section III

Voilà ce qu'on a réalisé et ce qu'on projette. Reste à examiner ce qu'on pourrait tenter encore. L'exemple du *Pluviôse* ne doit pas être perdu : il confirme ce qu'il était facile de prévoir, l'immense difficulté de retirer du fond un sous-marin coulé. Le *Farfadet*, le *Lutin* n'étaient ensevelis que sous les eaux du lac de Bizerte ou de la Méditerranée, eaux transparentes, sans courants, sans marées, souvent calmes ; à Calais, on a trouvé les obstacles de l'Océan, des courants de quatre nœuds qui ramenaient les premiers scaphandriers à la surface, horizontaux, et troublaient l'eau des profondeurs au point d'y rendre à 17 mètres déjà la vision presque

---

1 2 700 000 francs en prévoyant la possibilité de lever 1 000 tonnes. Voyez le discours du ministre de la Marine à la Chambre des Députés, le 30 juin 1910.

impossible ; des vents, des clapotis, de la houle, etc. Encore le temps fut-il clément au-delà de tout ce qu'on devait espérer : les calmes relatifs qui ont permis de mailler les chaînes restent tout à fait exceptionnels dans ces parages. Aussi fallut-il sept jours pour faire subir au *Pluviôse* un premier déplacement, quinze jours pour en sortir la première victime, vingt-cinq jours pour achever ce funèbre travail ! Or il n'a que 450 tonnes de déplacement, 54 mètres de long : les prochains submersibles d'escadre auront 750 tonneaux et plus de 70 mètres.

Le plus important n'est donc pas de faciliter un relevage presque toujours trop lent, quoi qu'on fasse, mais d'éviter les accidents. On y contribue par le passage au type submersible. Les unités dessinées pour l'industrie par M. Laubœuf se distinguent en outre par un renforcement particulier des fonds ; car la double coque, au lieu d'être seulement latérale, s'étend aussi par en dessous. Enfin, leur kiosque se rabat en plongée, de façon à ne pas faire une saillie vulnérable.

Il ne subsiste guère que le péril d'abordage. C'est le plus difficile à conjurer. A mesure que les sous-marins sortent davantage, sont plus nombreux, plus hardis, rapprochent leurs exercices des conditions de guerre, étudient un plus grand nombre de points de nos côtes et de ceux où la circulation est vraiment intense, ce danger s'accroît. C'est contre lui qu'il faut surtout se prémunir.

Une première garantie consiste à remonter souvent pour vérifier l'horizon : mais on ne le peut pas toujours, et c'est parfois insuffisant. En manœuvres, en guerre surtout, le sous-marin ne pourra sans inconvénients revenir fréquemment à la surface et y montrer son périscope. Il est utile que cet aveugle, à défaut de la vue, fasse appel, dans l'intervalle, à un autre sens, celui de l'ouïe. On a cherché dans cet ordre d'idées à combiner des appareils qui, jusqu'ici, n'ont pas donné grand résultat, mais dont aucune raison théorique n'empêche d'espérer mieux. Pour le moment, c'est encore en appliquant l'oreille contre la coque du bateau qu'on entend le plus nettement le bruit fait par une hélice battant l'eau à l'extérieur, ou le martèlement des machines à piston. Les moteurs électriques, qui servent seuls en plongée, sont silencieux : cela permet de percevoir, dans la plupart des cas, la présence d'un bateau de surface en marche à proximité. Il se révèle parfois à plus de deux kilomètres.

Mais la portée de cet avertissement est variable. Elle dépend de l'allure et de la dimension du bâtiment qui se signale ainsi de loin, des mouvements de la mer, des clapotis, des écueils voisins, du bruit qui peut se faire à l'intérieur du sous-marin. La présence d'un autre sous-marin, à moteur également silencieux et à propulseur peu bruyant, ne sera pas perceptible. Pour précieux que soit ce moyen de surveillance, il offre donc des lacunes ; il est irrégulier ; il renseigne insuffisamment sur la distance et la direction du danger. Son emploi permanent présenterait certaines difficultés ; on n'y peut immobiliser le commandement : il faut souhaiter qu'on perfectionne les appareils écouteurs qui en accroîtraient l'efficacité.

Le périscope lui-même n'est pas parfait. C'est l'œil du sous-marin, un œil qui sort et qui rentre comme celui du limaçon. Une lentille au bout d'un tube reçoit les rayons lumineux que des prismes dévient, font descendre dans l'axe du tube jusqu'au poste de commandement, où ils reproduisent l'image de l'horizon. Mais le périscope, lui non plus, ne se trouve pas toujours utilisable. Le tube qui le porte, gros au moins comme une bouteille, révèle la présence du bateau ; celui-ci ne doit le montrer que le moins souvent possible. Quand il s'agit de passer sous un obstacle, il faut rentrer cet appendice fragile. Enfin le tube forme résistance à la marche ; aux immersions de sécurité, sous l'épaisseur d'eau qui permet de n'être pas touché par la quille des gros navires, le périscope ne saurait d'ailleurs atteindre la surface : il n'est pas assez long. Pourquoi ne pas l'allonger ? dira-t-on. Parce que ce serait diminuer la clarté de la vision, ce qui a des inconvénients évidents, à moins d'augmenter la grosseur du tube, ce qui en offre d'autres. Par-dessus tout, on s'exposerait à des vibrations incompatibles avec la solidité de l'appareil. Car déjà pour les vitesses très modérées qu'on atteint en plongée, huit à neuf nœuds environ, les longueurs actuelles de périscope, 3m, 50 à 4 mètres, occasionnent des oscillations inquiétantes.

Voilà un défaut du périscope : il en a plus d'un ; d'abord, il ne donne pas certain relief des choses, nécessaire pour apprécier leur distance. On y voit comme par un œil unique. On peut bien essayer des périscopes à vision binoculaire, mais ils auront toujours le tort de nécessiter de plus gros tubes. Il en sera de même si l'on veut augmenter la clarté.

Section III

La vision de l'appareil n'embrasse pas non plus tout l'horizon, mais un peu plus d'un quart de son pourtour. Quand on revient voir à la surface, il faut par conséquent un instant pour tourner sa vue de tous les côtés. Un périscope à image circulaire n'est sans doute pas irréalisable. Si l'on en croit le *Scientific American*, la marine des Etats-Unis en aurait expérimenté un qui, tout en déformant un peu les images, résoudrait le problème de façon satisfaisante.

Supposons ce progrès accompli chez nous : il subsistera d'inévitables imperfections : le défaut d'élévation, en premier lieu, qui met le sous-marin regardant par son tube dans les mêmes conditions qu'un nageur dont la tête est à la surface même du flot. De si bas, on juge mal les choses, surtout si la mer n'est pas plate ; on mesure de façon très insuffisante les dimensions des objets ; et si l'on aperçoit un bateau, ne voyant pas son sillage ni toutes les apparences de son allure, on reconnaît avec peine la direction qu'il suit.

Les, sous-marins des nouveaux modèles reçoivent deux périscopes : l'un plus gros pour voir de loin ou pour mieux voir ; l'autre plus petit, mais moins visible.

La plupart des difficultés disparaîtront un jour, si l'on peut utiliser les procédés de transmission électriques des images. Dans ce cas, entre l'objectif émergeant hors de l'eau et le poste de commandement, il suffirait d'un tube gros comme le doigt ; et sa faible résistance à la marche lui permettrait plus de longueur. Rien n'obligerait ici le courant à suivre un trajet rectiligne, comme il est de rigueur pour le rayon lumineux : le câble de transmission pourrait suivre la forme d'une antenne inclinée, peu sujette à vibrer.

Pour éviter les accidents, il est encore des précautions d'une autre nature. On a proposé de signaler la présence du sous-marin on temps de paix, par un flotteur très apparent qui lui serait relié. Mais ce serait introduire de dangereuses complications, et risquer d'embarrasser les hélices. Tout dernièrement, on réclamait des sirènes ou des cloches sous-marines qu'il faudrait faire résonner tout le temps de la plongée : moyen de ne rien entendre soi-même. Une mesure plus pratique consiste à choisir pour les exercices les plus ordinaires, et en particulier pour la formation des équipages nouveaux, des rades peu fréquentées et sans profondeurs excessives. Enfin il est aisé de prescrire, comme on l'a fait dans certains ports, la sortie fréquente des sous-marins deux par deux, l'un restant en surface pour indiquer et surveiller la plongée de son camarade. Toutefois, il ne faudrait pas pousser trop loin les restrictions au libre entraînement d'unités militaires, qui sont devenues aptes à naviguer au large,[1] qu'il importe de familiariser avec la haute mer comme avec toutes les difficultés du littoral, et dont le rôle, tout de hardiesse et d'initiative, ne saurait s'accorder avec un esprit de timidité exagérée.

Section IV

Si l'on ne doit pas échapper aux accidents, et en particulier aux abordages, il serait peu sage de ne pas rassembler tous les moyens d'en diminuer la gravité. La première fin à se proposer est de permettre à l'équipage lui-même de se tirer d'affaire, en sauvant son bateau. Avant tout, l'essentiel pour lui sera de remonter le plus vite possible en surface ; car c'est là que ses efforts trouveront le plus de chances de succès.

Dès le début de la construction sous-marine moderne, on a pourvu les bateaux d'un poids extérieur facile à libérer de l'intérieur : c'est ce qu'on appelle les plombs de sécurité. Leur effet est important, parce qu'il se produit brusquement, alors qu'il s'agit le plus souvent de gagner quelques secondes. En quelques secondes, une voie d'eau, surtout sous la pression des profondeurs, introduit à bord une masse parfois redoutable : or le sous-marin immergé, comme le ballon suspendu en l'air, se trouve en équilibre : il obéit à la moindre surcharge.

Les plombs de sécurité, à vrai dire, ne représentent plus qu'un faible lest sur les bateaux actuels. Trop lourds, ils deviendraient trop difficiles à lâcher. On les décroche en tournant, de l'intérieur, une tige qui les verrouille ; pour peu que le bateau soit incliné, et c'est le cas général en avarie, les frotte-mens gênent déjà la manœuvre et peuvent empêcher le déclenchement. On ne dépasse guère une quinzaine de tonnes, ce qui est peu pour des bâtiments

[1] Avec des rayons d'action de 14 000 milles et des vitesses maxima de 12 nœuds (discours du ministre de la Marine déjà cité).

de 450 tonneaux. La plupart des submersibles ne portent pas plus de 3 ou 4 tonneaux de plombs.

Le véritable moyen de défense du sous-marin, moyen toujours prêt et en état parce qu'il sert constamment, ce sont les chasses d'air. Ce qui caractérise, en effet, le sous-marin, c'est sa faculté d'absorber et de rendre de l'eau à volonté pour s'alourdir ou s'alléger. Il constitue un souffleur, dont toute la puissance vitale réside dans son souffle. Un submersible possédant en surface une flottabilité égale à près d'un tiers de son poids d'autre part, c'est un tiers de son poids d'eau qu'il doit encaisser pour plonger, soit 150 tonnes environ pour les types actuels : chiffre très supérieur à ce que pourront jamais atteindre les plombs de sécurité. Seulement, ici, le délestage n'est plus immédiat. Autrefois, il était même lent ; cela suffisait pour les besoins de la manœuvre normale ; en cas d'avarie, cela se trouvait insuffisant. Mais on a réalisé de grands progrès. La chasse est produite par l'air comprimé, qu'on lance dans les ballasts et qui en expulse l'eau. La puissance ne manque pas, mais pour aller vite, l'indispensable est d'ouvrir assez largement à l'eau qu'on chasse un orifice de sortie. On arrive maintenant à expulser 50 tonnes en une minute. Peut-être gagnera-t-on encore sur ce délai, déjà court. Souhaitons-le, car il ne correspond encore qu'à la manœuvre en surface. Or, sous dix mètres d'eau, la pression étant de 2 atmosphères au lieu d'une, la rapidité sera diminuée de moitié. A 20 mètres, elle sera réduite au tiers, à 30 mètres au quart. Il ne serait donc pas sans intérêt de prévoir des pressions d'air et des facilités de chasse permettant de lutter à ces profondeurs contre la résistance à l'expulsion. Ce serait d'autant plus utile que le débit des voies d'eau qui menacent la sécurité du navire est, de son côté, proportionnel à la profondeur. Dans le submersible *Kobben* construit récemment pour la Norvège par les chantiers allemands, il a été prévu à cet effet des caisses d'air comprimé à haute pression.

Autre point à envisager : puisque le salut dépend de la mise en œuvre de l'air comprimé, il est essentiel que le tuyautage par où cet air circule soit à l'abri des détériorations résultant de l'abordage. Mais la question se complique de ce fait que le tuyautage aboutit dans les ballasts, ou réservoirs d'eau, toujours exposés au premier choc extérieur. Il n'y aura guère d'avarie où un ballast ne soit crevé.

Qu'arrive-t-il ? On chasse : l'air envoyé dans ce ballast se perd sans le vider. Heureusement, les ballasts ne sont pas tout d'un tenant. Ils se subdivisent en deux ou trois groupes indépendants. Supposons comme au *Pluviôse* une avarie sur l'arrière. Comme on en ignore le siège, on chasse partout : les caisses avant et milieu se vident, les caisses arrière restent pleines ; le bateau ne peut utiliser que la moitié ou les deux tiers de sa réserve de flottabilité.

Le plus grave est que cette force d'allégement ne s'applique qu'à la partie avant, tandis que l'arrière reste chargé. Il s'ensuit une rupture de l'équilibre dans le sens de la longueur. Le sous-marin suspendu dans l'eau est comme une balance. Sous une action dissymétrique de cette nature, il va se dresser, la pointe en haut, prendre une inclinaison qui ne permettra peut-être pas aux hommes de garder leur poste de manœuvre. N'oublions pas que, d'autre part, la force est fournie au moteur de plongée par des accumulateurs électriques, bacs remplis de liquide sulfurique. Si le bateau penche de plus de 15 degrés, les bacs débordent, et le moteur s'arrête. En même temps, se dégagent des vapeurs acides, plus délétères encore si de l'eau salée se mélange à l'acidulage.

Le plus grand danger découle ainsi de cette rupture d'équilibre. L'idée doit venir d'y remédier ; malheureusement, ce n'est pas facile. Parmi les centaines de projets soumis au ministère par des centaines d'inventeurs, il est à souhaiter qu'il s'en trouve pour résoudre ce problème, peut-être le plus important de tous. Voici le principe utilisable : un tuyau intérieur, à l'abri des chocs, amènerait à l'extrémité du bateau l'air comprimé, et ouvert du poste de commandement, donnerait accès à cet air à la surface de la coque, sous une enveloppe d'étoffe imperméable. Celle-ci, se gonflant alors, formerait une hernie extérieure, un ballon, soutenant l'extrémité trop lourde. On réaliserait ainsi comme une ceinture de sauvetage partielle qu'on pourrait gonfler à volonté. Restent les nombreuses difficultés d'exécution ; il ne faut pourtant pas désespérer de la réussite.

Il existe bien des pompes destinées à épuiser l'eau, mais il est douteux qu'elles restent efficaces dans un cas grave. Leur capacité de refoulement demeure forcément limitée, même en surface : en profondeur, nous l'avons vu, la pompe, tout comme la chasse d'air, refoulera d'autant moins que la profondeur sera plus grande, c'est-à-dire qu'il entrera plus d'eau par la brèche.

Pour ce qui est d'aveugler cette dernière, comme on fait couramment sur les bateaux ordinaires au moyen de paillets préparés à l'avance et de substances obturantes, il n'y faut guère songer : la surface interne de la coque sous-marine, encombrée d'appareils, demeure presque partout hors de portée de la main. Puis c'est à l'extérieur qu'il faut appliquer les paillets, pour que la pression ambiante les tienne en place. Les cas seront rares où un dispositif intérieur permettra, l'ouverture étant petite, de caler par un arc-boutant un bouchon qui résiste.

Ainsi, la plupart du temps, il faudra se résigner à abandonner à l'eau tout compartiment blessé. Si ce n'est pas celui des accumulateurs, si l'on réussit à maintenir l'équilibre horizontal et, en vidant les ballasts saufs, à s'alléger d'un poids égal à la surcharge, on pourra lutter encore et remonter. L'essentiel, pour que la lutte reste possible, est que les cloisons soient étanches. Il faut enfin que le ou les compartiments abandonnés ne forment qu'une assez faible part du volume entier du bâtiment. Nos sous-marins sont divisés en six ou sept tranches. Si la chasse d'air peut restituer les deux tiers de la flottabilité totale, en surface, c'est-à-dire 100 tonnes sur 150 dans un submersible de 450, c'est plus que le sixième du déplacement en plongée : le sixième de 450 est 75. L'envahissement d'une tranche alourdit donc de 75 tonnes ; la chasse allège de 100 : une force de 25 tonneaux pousse à remonter.

Ce serait parfait si on ne trouvait de grandes difficultés à rendre étanches les cloisons de séparation, en raison des nombreux organes mécaniques, tiges, tuyaux, etc., qui doivent les traverser. Sur le *Farfadet*, on s'en souvient, les survivants employèrent tous leurs efforts à boucher avec des vêtements ces ouvertures par où l'eau ruisselait dans le compartiment indemne, Il n'est pas prudent, d'autre part, de trop subdiviser un espace où la surveillance et la voix du commandant doivent porter aisément partout. En fait, il n'existe pas plus de quatre cloisons véritables. Encore leur résistance aux infiltrations n'est-elle entière qu'aux pressions moyennes, c'est-à-dire aux profondeurs modérées. Un cinquième du bateau envahi, c'est encore ici moins de 100 tonnes de surcharge, c'est 90 tonnes ; mais l'écart n'est plus très grand. Les cinq compartiments séparés par les quatre cloisons ne pourront être tous égaux et le mauvais sort a pu situer la brèche dans le plus grand. Que dire enfin s'il en est deux d'intéressés ! Puis la fermeture des portes ne sera pas instantanée. Tous les hommes voudront passer avant qu'on ferme. Avec eux il entrera de l'eau, plusieurs tonnes peut-être. On voit comme la marge devient faible. Il importe de développer au maximum tous les moyens de l'accroître au profit des abordés : étanchéité du cloisonnement, puissance des chasses, capacité et fractionnement des ballasts, débit des pompes, action des gouvernails, rapidité des manœuvres.

Sur ce dernier point il convient de s'arrêter un instant. Voilà le sous-marin comme un léviathan blessé, qui s'incline et crache par ses évents. Une pointe en bas, par où s'engouffre la mort, l'autre tirant vers le haut de toutes ses forces de vie, il aborde le combat désespéré qui va tout décider. A l'extérieur, les spectateurs impuissants essaieraient en vain de lui porter secours. Comme ces canotiers du *Pas-de-Calais* frappant sur l'avant du *Pluviôse* d'inutiles coups d'aviron, ils n'aboutiraient, au prix d'une imprudence, qu'à faire entendre le dernier adieu que les amis apportent au lit de mort d'un ami condamné. Quoi de plus ? Pour accrocher, saisir, soutenir une masse pareille, il faut un matériel spécial et des heures ; et le drame va se dénouer en quelques minutes. Est-ce une agonie, est-ce une crise passagère ? Nul ne peut le dire ou peser sur le dénouement, sinon ces quelques hommes enfermés, murés dans une coque d'acier. Dans ce champ clos, avec toute leur violence rapide, se déchaînent les puissances de destruction et les puissances de salut. La vie est l'enjeu d'une seconde peut-être. Il faut que la vitesse de chasse l'emporte assez sur la vitesse d'envahissement pour que le navire atteigne la surface. Là, quelques minutes de répit lui sont probablement assurées : deux ou trois sans doute au minimum. Car les ballasts se vident plus vite, l'eau rentre par les blessures à jets moins violents qu'en immersion profonde. Les pompes peuvent faire leur office ; les cloisons résistent aisément ; l'émersion de l'extrémité la plus haute va tendre à rétablir l'équilibre horizontal. Enfin, si des gaz asphyxiants se sont répandus dans l'intérieur, peut-être aura-t-on chance d'ouvrir à l'air du ciel un capot sauveur.

Mais si les compartiments atteints sont vastes, si la voie d'eau surpasse le débit des pompes, si la machine s'arrête, s'il n'existe pas de moyen de lutter encore, à l'aide d'une réserve d'air comprimé, si les cloisons s'infiltrent, ces quelques minutes de grâce n'auront pas sauvé le sous-marin. Bientôt il va s'incliner davantage. La pointe émergera vers le zénith, puis descendra verticalement ; et tout d'un coup la chute irréparable emportera vers l'abîme le léviathan vaincu.

Dès lors, ne pourrait-on, ne devrait-on pas tenter de faire sortir l'équipage dans le court intervalle de cette apparition en surface ? Bien souvent, le plus souvent peut-être, un sous-marin touché, obligé d'abandonner un compartiment à la mer, sera condamné sans merci. L'un des moyens de défense, tous indispensables, tôt ou tard, avant qu'il ait réussi à rentrer au port, lui manquera ; et brusquement ce sera la catastrophe emportant hommes et choses. Ne faudrait-il pas poser en principe l'abandon du bâtiment ? Principe si contraire à la règle traditionnelle que marins et commandants vont se récrier. Quoi ! renoncer à la lutte au moment d'un premier succès, quand l'espoir de ramener le bateau « corps et biens » semble permis, faire perdre délibérément une unité à la marine avec tout son matériel peut-être sans nécessité véritable ! Cependant il n'est sans doute pas d'autre méthode pour sauver tout ou partie de l'équipage. Laissons au commandant le soin d'apprécier s'il faut en donner l'ordre, et songeons du moins à réunir, le cas échéant, les conditions qui faciliteraient la sortie.

C'est une étude qu'on ne saurait entreprendre ici. Ou bien le sous-marin émerge assez pour qu'on puisse ouvrir à l'air le capot du kiosque central, et c'est par-là qu'on s'en ira ; ou bien une extrémité seulement affleure, et il serait bon d'y trouver une ouverture ; ou encore aucun des passages n'est libre d'eau. Dans tous ces cas, il doit y avoir des dispositifs à prévoir pour permettre à l'équipage captif de jouer sa dernière chance, des mouvements à régler d'avance, peut-être des expériences à faire, et des exercices à prescrire. Posons les questions : la réponse appartient aux services compétents.

Section V

Admettons qu'on ait jugé le devoir militaire incompatible avec cet abandon prématuré du bateau, ou que la gravité des avaries n'ait pas permis de disposer de ce répit indispensable à la fuite. Le sous-marin, entraîné par une force croissante, descend, avec son équipage. Désormais rien n'arrêtera la chute : elle se poursuivra jusqu'au fond. Si ce fond est à profondeur modérée, les hommes enfermés dans la coque y survivront quelque temps. (On s'efforce d'aménager, à chaque extrémité, des compartiments de refuge avec des vivres pour quinze jours.) Bien qu'il y ait désormais peu d'espoir, il faut tenter encore de les sauver.

Souvent, aucun secours extérieur ne pourra survenir, du moins à bref délai. L'accident se sera passé sans témoins, ou, si c'est un abordage, il faudra longtemps pour que l'abordeur aille chercher des scaphandres dans un port, pour que les scaphandriers retrouvent la coque naufragée. Le personnel du sous-marin ne saurait-il s'évader par ses seuls moyens ? A cette fin, plus d'un système a été proposé. Les uns voudraient qu'une partie du sous-marin, une extrémité, formant sas étanche, pût se détacher et remonter à la surface en ramenant les naufragés. Mais, sans compter la difficulté de faire le sas assez grand pour porter tout le monde, on tomberait dans des complications aussi gênantes que dangereuses. En Amérique, on a essayé plus simple : on s'est proposé d'utiliser le tube lance-torpille pour chasser au dehors non plus une torpille, mais un homme. Un lieutenant de la marine nationale en a fait avec succès l'expérience à petites profondeurs : Ce tube se ferme par les deux bouts, l'homme est poussé au dehors par l'air comprimé et, s'il résiste à l'asphyxie, arrive vivant à la surface. Par d'assez grands fonds, et pour l'appliquer successivement à plusieurs hommes, le système ne paraît guère pratique. En Angleterre, on cherche autre chose. On a voulu munir chacun des marins d'un petit scaphandre permettant de traverser les compartiments envahis et de se frayer un passage. Le procédé très intéressant donnera peut-être des résultats une fois au point. Malheureusement, il s'accorde surtout avec un genre de construction qui supprime la garantie des cloisons étanches. On ne coupe plus le bâtiment dans le sens de la longueur. Il reste tout d'un tenant d'un bout à l'autre : en largeur seulement il est divisé dans la partie haute par deux grandes cloisons longitudinales incomplètes, qui ne descendent pas jusqu'au parquet. Les hommes, en se baissant, peuvent passer dans l'une ou l'autre des tranches latérales ainsi formées. Vienne l'eau, l'air s'accumulera dans le haut de ces poches. Les hommes s'y réfugieront, y trouveront suspendus leurs petits scaphandres individuels, n'auront qu'à passer le casque et attacher la ceinture.

Dans ce casque, est une substance chimique, de l'oxylithe, qui produit de l'oxygène au contact de la vapeur d'eau exhalée par la respiration. Théoriquement, l'homme pourra donc vivre en pleine eau quelques heures peut-être, ouvrir les portes et les capots, se laisser aller dans l'eau qui le portera vers la surface, grâce au ballon d'air contenu dans la ceinture. Des expériences ont été faites à Portsmouth ; des marins ont été descendus dans des cloches au fond d'un bassin du port, ils ont revêtu leur appareil, ouvert la porte de leur prison et sont revenus sur l'eau, mais de 4 ou 5 mètres seulement. Plus bas, les difficultés seraient bien autres. L'une des plus importantes consiste dans les changements de pression, que nul ne saurait supporter, s'ils sont à la fois brusques et notables. C'est un point que l'on a étudié, et il est admis que, pour remonter de 20 à 22 mètres sous la mer, il ne fallait pas moins de 5 minutes. Il n'importerait guère de tirer les hommes du sous-marin s'ils devaient mourir aussitôt sortis.

Tout cela reste donc fort théorique. Notre marine s'attaque à son tour à la question et cherche à réaliser ce que cette idée du petit scaphandre permet d'espérer, mais on aurait tort de croire le problème résolu et d'imposer à nos submersibles, au risque de dangers trop certains, l'emploi d'un modèle encore imparfait. Si les Anglais eux-mêmes l'embarquent, c'est vraisemblablement beaucoup pour rassurer l'opinion publique émue par une série de malheurs comme nous n'en avons pas connu.

Ainsi, pour le moment, il ne faut pas compter qu'un équipage puisse revenir tout seul. Il demeurera emprisonné jusqu'à ce qu'on l'aille délivrer. Le plus souvent, un sous-marin coulé ne renfermera que des morts. Parfois cependant, comme dans le cas du *Farfadet*, on aura pendant plusieurs jours quelques chances d'y trouver des vivants. Les secours ne sauraient être immédiats : ils nécessitent un matériel spécial et généralement des scaphandriers particulièrement entraînés. On perd du temps à chercher l'épave. C'est pour cette raison qu'on a muni nos sous-marins de bouées qu'on peut décrocher de l'intérieur. Elles viennent signaler remplacement du naufrage et donner communication avec les naufragés.

Ce n'est pas le tout de leur parler : il faut leur ouvrir la porte et sans les noyer incontinent. Des pléiades d'inventeurs ont proposé d'ajuster sur la coque, en des endroits préparés d'avance, des conduits pour injecter de l'air ou des substances alimentaires. Certains de ces dispositifs offriraient passage aux hommes. Le plus simple consiste en une grande manche renforcée intérieurement par un tube de tôle.

On oublie trop les aléas d'opérations si malaisées au sein de la mer, sur une épave. Les scaphandriers travaillent trop difficilement pour réussir un joint étanche. Et c'est par exception que le bateau englouti reposera d'aplomb sur un sol plan. Si l'orifice de raccordement se trouve incliné, latéral, peu accessible, l'opération devient inexécutable. Sa réussite suppose encore que les mouvements imprimés par la mer au bateau de surface qui porte l'extrémité libre du tube de secours se réduiront à presque rien. En regard de toutes ces incertitudes, il faut mettre le danger certain créé à bord du sous-marin même du seul fait qu'elle existe, par toute installation nécessitant des trous plus nombreux dans la coque ou plus d'encombrement à l'intérieur. Il n'y faudrait pas non plus introduire des appareils qui prissent la place, ou le poids disponible, nécessaires aux organes militaires.

Il ne semble pas jusqu'ici qu'on soit en mesure de sauver les hommes sans relever le bâtiment. Quelque progrès qu'on réalise, il peut rester des cas où les prisonniers demeureront inséparables de leur prison et où l'humanité commandera de tenter en toute hâte le renflouement. Celui-ci par ailleurs s'imposerait toujours si l'on veut retirer le matériel, ou savoir, par des constatations précises, comment et pourquoi l'accident s'est produit.

Le renflouement, on l'a vu, n'est pas chose facile. Cela dépend surtout de la profondeur. Une coque sous-marine s'écraserait sous la pression de l'eau, si elle tombait assez bas. Mais on la construit pour résister sûrement à 45 ou 50 mètres. Puis on la soumet à des essais. Chez nous, on n'a pas osé, dans ces expériences, faire descendre les sous-marins, avec leur équipage, au-dessous d'une vingtaine de mètres. Et seuls ceux du type *Naïade* ont pu, vu leur faible poids, être suspendus au-dessous d'un dock et immergés à 40 mètres, mais sans personnel à bord. Les hasards de la navigation et l'audace des premiers commandants suppléèrent aux essais officiels. En 1903, l'*Algérien*, se voyant sur la route du croiseur *Kléber*, voulut plonger à 20 mètres. Pendant qu'il prenait une pointe rapide, il reçut à l'arrière de son kiosque un coup d'aile d'hélice qui ne lui fit d'autre mal que de l'envoyer à 30 mètres. La même année, la *Sirène*, l'*Espadon* et le *Triton*, en étudiant l'équilibre en plongée à profondeur fixe, s'abaissèrent de mètre en mètre jusqu'à 40, sans constater la moindre déformation. En 1904 enfin, l'*Aigrette*, par suite d'une rentrée d'eau inopinée, coula rapidement et ne put s'arrêter qu'à 48 mètres. A l'étranger, on n'a pas hésité à pousser plus loin. Lors de l'étude comparative des types *Lake* et *Holland*, par exemple, un de ces derniers est allé jusqu'à 60 mètres avec son équipage au complet sans aucun incident. D'après M. Laubœuf, son nouveau submersible est calculé pour résister sans déformation à la pression d'au moins 45 mètres d'eau pour la coque extérieure et de plus de 100 mètres pour la coque intérieure, celle qui renferme les hommes.

Ce n'est pas à dire qu'on irait les chercher par 100 mètres de fond. D'abord, parce qu'il n'y aurait aucun espoir de les retrouver en vie. Car la résistance de la coque n'est pas seule en question. Puisqu'il y a avarie, et envahissement partiel, une partie de l'intérieur est en communication avec la mer et en subit la pression. La résistance à considérer est donc avant tout celle des cloisons. Or aucune cloison ne résisterait à la poussée de 100 mètres d'eau, ni peut-être de 50. Si la déchirure de la coque n'est pas telle que l'air restant s'échappe, une cloison qui cède ou qui fuit n'amènera pas le remplissage complet du bateau : l'eau se tiendra dans le bas des compartiments indemnes, en refoulant l'air à leur plafond comme dans une cloche. Seulement, elle le comprimera : compression mortelle pour peu qu'elle soit ou trop soudaine, ou trop forte. La limite est enseignée par la pratique du scaphandre. Le scaphandrier, soumis lui aussi à la pression ambiante, ne peut guère s'aventurer au-dessous de 50 mètres. On cite cependant quelques travaux exécutés à 55 et deux exemples à 60 et 65. Mais ce dernier coûta la vie au plongeur. Deux officiers de la marine anglaise, chargés par l'Amirauté en 1905 d'étudier les conditions du problème, ont pu atteindre 64 mètres, grâce à toutes les précautions et avec toute la lenteur nécessaires.

Ce sont là des cas exceptionnels.

Point donc de vivant à chercher plus bas que 65 mètres. On n'y pourrait même aller, du moins par les moyens actuels. Le seul dont on dispose, c'est le scaphandre, inventé il y a juste cent ans en juin 1810 par l'Allemand Schmidt qui l'expérimenta dans la Seine. Si le scaphandrier peut atteindre de grandes profondeurs, encore faut-il des hommes choisis, une eau calme et une organisation parfaite ; et il ne saurait travailler à ces niveaux extrêmes. A partir de 35 ou 36 mètres, la descente peut être considérée comme dangereuse, et déjà au-delà de 27 mètres, le travail comme presque impossible : l'homme n'a plus que la force de se conserver. Ces résultats ont été confirmés par la commission anglaise, qui d'autre part a constaté l'obscurité absolue régnant après 43 mètres.

C'est un inconvénient auquel on pourra remédier en munissant le plongeur d'une lampe électrique. Mais voilà le scaphandrier limité en deçà de 30 mètres. En dessous de cette zone il en reste une autre d'égale profondeur où le sous-marin peut se trouver déposé sur le fond avec son équipage prisonnier : restera-t-il sans secours ? Il y a là une situation à laquelle on ne se résignera pas, en France surtout ; voyons donc si un autre instrument que le scaphandre permettrait d'aller plus loin.

On en a imaginé pour l'exploitation des épaves laissées par les grands naufrages. Il n'y a pas longtemps encore, un inventeur italien proposait à notre marine un type ingénieux de « travailleur sous-marin. » Celui-ci consistait dans une sphère métallique formant cloche et suspendue sous un navire, en communication avec elle par un tuyau d'air. La sphère était pourvue d'organes extérieurs, crochets, pinces, etc., manœuvres du dedans par deux ou trois hommes qu'elle porte. Sa forme, favorable à la résistance, lui permettrait d'opérer à des profondeurs considérables. A celles mêmes où le scaphandrier peut travailler, mais peu et mal, un appareil de cette sorte aurait chance de faire mieux, et du moins pourrait l'aider.

Il est vrai que certaines opérations difficiles semblent nécessiter la souplesse de la main et sa prise directe, en particulier pour le maillage des chaînes. On a indiqué l'avantage qu'il y aurait dès lors à fixer celles-ci sur l'épave par attraction de puissants électro-aimants ou succion d'une ventouse (principe du tire-pavé). On n'est pas sûr, cependant, de la résistance des tôles où ces actions s'attacheraient, ni du maintien de ces adhérences lors des fortes secousses.

Mais l'une des causes de retard et de danger dans le travail des scaphandriers, l'une des difficultés principales à adapter un tube de liaison sur une épave, ou à tendre des chaînés destinées à la soulever, réside dans les mouvements des vagues qui font danser sans cesse le navire sauveteur, tandis que le sous-marin enseveli reste immobile. Entre les deux il y a nécessairement un point, de jonction où se font sentir toutes les réactions de ce mouvement perpétuel du flot ; et c'est là que les tuyaux se rompent ou que les chaînes cassent. Or le « travailleur sous-marin » ne serait pas à l'abri d'inconvénients imputables à la même cause. La houle le ferait monter et descendre avec son câble de suspension, au risque de briser ce câble ou de faire pilonner la sphère mobile sur l'épave immobile. Si l'on tenait à s'assurer le bénéfice d'un semblable auxiliaire, on peut se demander s'il ne faudrait pas libérer le « travailleur sous-marin » de sa trop étroite dépendance, pour en constituer enfin un petit sous-marin, s'équilibrant lui-même dans l'eau, capable de mouvements propres, remorqué seulement et retenu par une chaîne de sûreté, et en communication avec son convoyeur, qui lui enverrait ainsi la lumière et la force mécanique.

La plus efficace, la plus rapide des manœuvres qu'on pourrait essayer avec cet outil spécial consisterait peut-être à boucher de l'extérieur les brèches du sous-marin, en ne laissant que le passage d'un tube pour injecter de l'air comprimé, qui chasse l'eau. Dans les expériences du *Narval*, en mars dernier, on a fait usage de l'air comprimé. Il déleste aussitôt l'épave. Elle remonte ; mais si la blessure n'a pas été fermée, cette épave ne remonte pas droite, ni même en équilibre. L'air et l'eau se déplaçant dans une enveloppe commune, la position de cette dernière est instable ; elle peut brusquement chavirer, se remplir à nouveau. Il n'en serait plus de même dans le cas ci-dessus. Encore faut-il que l'idée soit réalisable : il appartient aux techniciens d'en juger.

Bornons ici cette étude, qui n'a d'autre but que de faire connaître au public quelques-unes des difficultés d'un problème qui le passionne à bon droit. Elles ne sont pourtant pas insurmontables :

la Marine, on le voit, n'est pas forcément désarmée en face des grands accidents de sous-marins. Malgré leur gravité croissante, leur soudaineté et les obstacles immenses du sauvetage, on peut espérer de l'avenir des moyens nouveaux pour lutter contre eux. On a déjà utilement travaillé à les rendre plus rares. On peut faire beaucoup encore pour les éviter, pour les combattre avant qu'ils aient produit leurs effets irréparables pour leur arracher à temps leurs victimes. Au terme de cet effort, on n'aura pas soustrait la navigation sous-marine aux dangers auxquels sont aussi soumis tous les autres genres de navigation : mais elle sera devenue sinon le plus sûr de tous, peut-être l'un de ceux qui font payer le moins cher les plus précieux résultats.

ISBN : 978-1986481557

www.ingramcontent.com/pod-product-compliance
Lightning Source LLC
Chambersburg PA
CBHW070958220526
45471CB00007B/3086